中等职业学校规划教材

有机化学实验报告

班级 _____

组号 _____

姓名 _____

化学工业出版社

·北京·

目　录

实验 2-1　玻璃管的简单加工及洗瓶的装配

实验日期_____　　　　　室温_____　　　　　大气压_____

实验成绩_____　　　　　指导教师_____

【实验目的】

【实验用品】

【实验步骤】

1. 玻璃管的切割

长度：20cm（厚壁）　　30cm（厚壁）　　20cm（薄壁）

数目：_____支　　　　_____支　　　　_____支

2. 点燃酒精灯（或煤气灯）

3. 熔光玻璃管的断面

4. 弯制玻璃管

用____cm 长的____壁玻璃管弯制____°、____°弯管各 1 支。

5. 拉制尾管

用____cm 长的____壁玻璃管拉制成细口端内径约为____mm、长度为____cm，粗口端长度为____cm 的尾管 2 支。

6. 制作洗瓶弯管

用_____cm 长的_____壁玻璃管，先拉出尖嘴后再弯制成尖嘴长度为____cm、角度为____°，另一端长度为_____cm、角度为_____°的洗瓶弯管。

7. 拉制毛细管

用_____cm 长的薄壁玻璃管拉制成长_____cm、直径_____mm、两端熔封的毛细管 10 支，装在洁净干燥的试管中。

8. 装配洗瓶

胶塞钻孔后，将洗瓶弯管的_____端蘸上少许_____，旋转插入孔道，在玻璃管_____点应小心缓慢旋入。

【问题与讨论】

1. 切割玻璃管的锉刀应_____，锉痕应_____，以便折断。

2. 截断后的玻璃管断面应及时_____，以防_____。

3. 使用酒精喷灯时，由于灯体_____不够，会形成"火雨"，此时应_____，_____后再点燃。

4. 当酒精蒸气（或煤气）量_____时，会产生"凌空火焰"，此时应_____。

5. 当酒精蒸气（或煤气）量_____，而空气量_____时，会产生"侵入火焰"，此时应_____。

6. 弯制玻璃管时，如玻璃管烧得太软，弯得太急，容易出现_____，若烧得不软，用力过大，则容易_____。

7. 刚刚加工完的玻璃制品需要进行"退火"处理。退火的目的是_____。

8. 拉制毛细管时，应使玻璃受热部位变成_____色时，从火焰中移出，边_____边拉伸，拉伸的速度应先_____后_____。

实验 2-2　用重结晶法提纯苯甲酸

实验日期_____　　　室温_____　　　大气压_____

实验成绩_____　　　指导教师_____

【实验目的】

【实验原理】

　　苯甲酸在水中的溶解度随温度变化_____较大。将粗苯甲酸溶于沸水中并加_____脱色，_____性杂质和_____在热过滤时除去，_____性杂质在冷却后，苯甲酸析出结晶时仍留在_____中，从而达到提纯的目的。

【实验用品】

【实验装置图】（抽滤）

【实验步骤】

1. 热溶解

称量_____g苯甲酸粗品，放入250mL锥形瓶中，加入_____mL蒸馏水，加热溶解。

2. 脱色

暂停加热，先加入_____mL冷水，再加入_____g活性炭，继续煮沸5min。

3. 热过滤

趁热用_____漏斗过滤。

4. 结晶

滤液在室温下冷却_____min后，再于冰-水浴中冷却_____min。

5. 抽滤

待结晶完全后，抽滤。用_____mL 冷水分_____次洗涤结晶。

6. 干燥

将晶体转移至表面皿上，_____晾干或于_____℃以下烘干。

【实验结果】

产品外观_____产品质量_____g

收率计算（$\dfrac{纯品质量}{粗品质量}\times100\%$）：

【问题与讨论】

1. 不能向正在加热的溶液中加活性炭，否则会引起_____。

2. 热过滤时要使用_____漏斗，以防_____。

3. 布氏漏斗中的滤纸要裁剪适当，过大或过小都会造成_____。

4. 在抽滤过程中进行洗涤时，应停止抽气，否则会_____。

实验 2-3　固体熔点的测定

实验日期_____　　　　室温_____　　　　大气压_____

实验成绩_____　　　　指导教师_____

【实验目的】

【实验用品】

【实验装置图】（提勒管式熔点测定装置）

【实验步骤】

1. 测定萘的熔点
2. 测定苯甲酸的熔点
3. 未知样品的鉴定

【实验结果】

1. 熔点测定结果

被测物质	第一次测定		第二次测定		熔程
	初熔温度/℃	全熔温度/℃	初熔温度/℃	全熔温度/℃	
萘					
苯甲酸					
未知样					
已知物					
混合物					

2.未知样鉴定结果

【问题与讨论】

1.纯的有机物一般都具有固定的熔点。当含有杂质时，熔点会_____，熔程将_____。

2.测定熔点时，样品应研_____、装_____，否则会使熔程_____。

3.测定熔点时，升温速度应先_____后_____，越接近熔点越要_____，接近熔点时约上升_____℃/min。

4.经测定未知样的熔点与某已知物的熔点相同，是否可根据此断定未知样就是该已知物？为什么？

5.已测定过熔点的样品，经冷却凝固后，是否可用来进行重复测定？为什么？

实验 2-4　液体沸点的测定及混合物的分离

实验日期＿＿＿＿＿＿＿　　　室温＿＿＿＿＿＿＿　　　大气压＿＿＿＿＿＿＿

实验成绩＿＿＿＿＿＿＿　　　指导教师＿＿＿＿＿＿＿

【实验目的】

【实验用品】

【实验装置图】

1. 普通蒸馏装置

2. 简单分馏装置

【实验步骤】

1. 测定丙酮的沸点

（1）安装普通蒸馏装置（水浴加热）。

（2）添加物料　在圆底烧瓶中加入＿＿＿＿＿＿mL 丙酮和几粒＿＿＿＿＿＿。

（3）测定沸点　缓慢加热升温，记录第一滴馏出液滴下时的温度。控制馏出速度为每秒＿＿＿滴，当馏出液体积达＿＿＿＿＿＿mL 时，停止蒸馏。

2. 蒸馏分离混合物

向圆底烧瓶中加入＿＿＿＿＿＿mL 水并补加几粒＿＿＿＿＿＿。继续加热蒸馏并收集不同温度范围的馏分。

温度范围/℃	体积/mL	温度范围/℃	体积/mL
56	_____	71～80	_____
57～60	_____	81～83	_____
61～70	_____	剩余液	_____

3.分馏分离混合物

在圆底烧瓶中加入_____mL 丙酮和_____mL 水以及几粒_____，安装成分馏装置。加热分馏。控制分馏速度为_____滴/秒。收集与蒸馏相同温度范围的馏分。

温度范围/℃	体积/mL	温度范围/℃	体积/mL
56	_____	71～80	_____
57～60	_____	81～83	_____
61～70	_____	剩余液	_____

【实验结果】

1.分离结果

温度范围/℃	馏出液体积/mL	
	蒸　馏	分　馏
56		
57～60		
61～70		
71～80		
81～83		
剩余液		

2.分离效果曲线图

3.分离效果结论

【问题与讨论】

1.纯的液体有机物的沸点是一定的，含有杂质时，沸点会_____，沸程将_____。

8

2. 进行蒸馏（或分馏）操作时，应先_____后_____；停止蒸馏（或分馏）时，应先_____后_____。

3. 在蒸馏或分馏装置中，温度计的位置安装不当，将对实验结果产生什么影响？

4. 在蒸馏或分馏过程中，若温度过高，馏出速度过快，会对分离效果产生什么影响？

5. 在蒸馏或分馏操作中，加入沸石起什么作用？可否向正在加热的液体中投放沸石？为什么？

＊实验 2-5　八角茴香的水蒸气蒸馏

实验日期＿＿＿＿＿＿　　　　室温＿＿＿＿＿＿　　　　大气压＿＿＿＿＿＿

实验成绩＿＿＿＿＿＿　　　　指导教师＿＿＿＿＿＿

【实验目的】

【实验原理】

　　八角茴香中含有一种精油，称为＿＿＿＿＿＿。因为具有＿＿＿＿＿性，所以可通过水蒸气蒸馏将其从八角茴香中分离出来。

【实验用品】

【实验装置图】（水蒸气蒸馏装置）

【实验步骤】

【问题与讨论】

1. 水蒸气蒸馏适用于哪些混合物分离？

2. 进行水蒸气蒸馏前，为什么要先打开 T 形管？

3. 在水蒸气蒸馏过程中，应注意哪些问题？

* 实验 2-6　乙二醇的减压蒸馏

实验日期_____　　　室温_____　　　大气压_____

实验成绩_____　　　指导教师_____

【实验目的】

【实验原理】

【实验用品】

【实验装置图】（普通回流装置）

【实验步骤】

【问题与讨论】

1. 减压蒸馏适用于分离提纯哪些物质？

2. 若减压蒸馏装置的气密性达不到要求，应采取什么措施？

实验 3-1　甲烷的制备及烷烃的性质与鉴定

实验日期_____　　　室温_____　　　大气压_____

实验成绩_____　　　指导教师_____

【实验目的】

【实验原理】（甲烷的制备反应）

【实验用品】

【实验装置图】（甲烷的制备装置）

【实验步骤】

【烷烃的性质与鉴定】

实 验 内 容	实 验 操 作	实 验 现 象	现象解释（或有关反应式）
甲烷的稳定性	向盛有溴水的试管中通入甲烷气体 向盛有高锰酸钾溶液和____的试管中通入____气体	溴水颜色没有变化 高锰酸钾溶液的颜色____变化	甲烷与溴水不反应 ____不能被____氧化
甲烷的可燃性	点燃甲烷气体 在火焰上方罩一个干燥的烧杯 将烧杯用____润湿后，再罩在火焰上方	燃烧，火焰呈____ 烧杯底壁上有____生成 烧杯底壁上出现____	甲烷可以____ $CH_4 \xrightarrow{燃烧}$ ____ ＋ ____
烷烃的稳定性	向盛有饱和____的试管中加入____ 向盛有高锰酸钾和溶液的试管中加入____ 向两支装有____的试管中分别加入____和____	液体分为两层，上层为____层，变为__色，下层为____层，变为__色 高锰酸钾溶液的颜色____变化 溶液颜色____变化	____和____并不反应，但由于____可以溶解____，所以颜色转移 ____不能被____氧化 ____与____和____不反应
烷烃的可燃性	在表面皿上滴加____，点燃	_____	$RH \xrightarrow{燃烧}$ ____ ＋ ____
烷烃的取代反应	将两支盛有石油醚和溴水的四氯化碳溶液的试管，一支用黑纸包好放在暗处，另一支用光照	被光照的试管中颜色____，____放在暗处的试管中____	$C_5H_{12} ＋ Br_2 \xrightarrow{光照}$ ____

【问题与讨论】

1. 在甲烷的制备反应中，生石灰起什么作用？

2. 在甲烷的制备装置中，试管口为什么要倾斜向下安置？

3. 点燃甲烷的试验为什么要放在其他性质试验之后进行？

4. 烷烃具有哪些特性？

实验 3-2　乙烯、乙炔的制备及
不饱和烃的性质与鉴定

实验日期_____　　　室温_____　　　大气压_____

实验成绩_____　　　指导教师_____

【实验目的】

【实验原理】

1. 乙烯的制备反应

（1）主反应：

（2）副反应：

2. 乙炔的制备反应

【实验用品】

【实验装置图】

1. 乙烯的制备装置

2. 乙炔的制备装置

【实验步骤】

1. 乙烯的制备

2. 乙炔的制备

【乙烯、乙炔的性质与鉴定】

实 验 内 容		实 验 操 作	实验现象	现象解释（或有关方程式）
乙烯的性质与鉴定	加成反应	向盛有稀溴水的试管中通入乙烯气体	溴水褪色	$CH_2{=}CH_2 \xrightarrow{Br_2} CH_2BrCH_2Br$
	氧化反应			
乙炔的性质与鉴定	加成反应			
	氧化反应			
	活泼氢反应			

【问题与讨论】

1. 制备乙烯时，为什么要加入黄沙？

2. 净化乙烯气体时，为什么采用氢氧化钠溶液作吸收液？

3. 净化乙炔气体时，为什么采用硫酸铜溶液或铬酸溶液作吸收液？

4. 试比较甲烷、乙烯和乙炔发生燃烧反应时的异同点，并解释原因。

实验 3-3　醇、酚、醚的性质与鉴定

实验日期＿＿＿＿＿＿　　室温＿＿＿＿＿＿　　大气压＿＿＿＿＿＿

实验成绩＿＿＿＿＿＿　　指导教师＿＿＿＿＿＿

【实验目的】

【实验用品】

【实验内容与结果】

实验内容		实 验 操 作	实 验 现 象	现象解释(或有关方程式)
醇的性质与鉴定	与金属钠作用	分别在盛有正丁醇和乙醇的试管中加入1粒金属钠 点燃试管口的气体 向生成醇钠的试管中加水及酚酞指示剂	剧烈反应,乙醇比正丁醇反应速率快 发出爆鸣声 溶液变成粉红色	$C_2H_5OH \xrightarrow{Na} C_2H_5ONa + H_2$ $C_4H_9OH \xrightarrow{Na} C_4H_9ONa + H_2$ $H_2 \xrightarrow{点燃} H_2O$ $C_2H_5ONa \xrightarrow{H_2O} C_2H_5OH + NaOH$ $NaOH/H_2O \xrightarrow{酚酞} 粉红色$
	与氧化剂作用			
	与卢卡斯试剂作用			
	与氢氧化铜作用			
酚的性质与鉴定	弱酸性			
	与溴水作用			
	与氯化铁溶液作用			
醚的性质	䤦盐的生成与分解			
	过氧化物的检验			

16

【问题与讨论】

1. 未反应完全的残余钠粒可以弃入水槽中吗？为什么？

2. 卢卡斯试验为什么需要干燥的试管？

3. 写出分离苯酚与苯甲酸的实验步骤。

实验 3-4 醛和酮的性质与鉴定

实验日期＿＿＿＿＿＿　　室温＿＿＿＿＿＿　　大气压＿＿＿＿＿＿

实验成绩＿＿＿＿＿＿　　指导教师＿＿＿＿＿＿

【实验目的】

【实验用品】

【实验内容与结果】

实 验 内 容	实 验 操 作	实 验 现 象	现象解释（或有关方程式）
羰基加成反应			
缩合反应			
碘仿反应			
氧化反应			
与希夫试剂反应			

【鉴定未知物】

1. 实验步骤

2. 鉴定结果

【问题与讨论】

1. 醛、酮与饱和亚硫酸钠的加成反应，为什么需要在干燥的试管中进行？

2. 银镜反应为什么需要使用洁净的试管？

3. 碘仿反应为什么需要加热？

4. 写出分离苯甲酸和苯甲醛的实验步骤。

实验 3-5　羧酸及其衍生物的性质与鉴定

实验日期＿＿＿＿＿＿　　　　室温＿＿＿＿＿＿　　　　大气压＿＿＿＿＿＿

实验成绩＿＿＿＿＿＿　　　　指导教师＿＿＿＿＿＿

【实验目的】

【实验用品】

【实验内容与结果】

实　验　内　容		实　验　操　作	实　验　现　象	现象解释（或有关方程式）
羧酸的性质与鉴定	酸性			
	酯化反应			
	甲酸和草酸的还原性			
羧酸衍生物的性质	水解反应			
	醇解反应			

【问题与讨论】

1. 甲酸发生银镜反应之前，为什么要加碱中和？

2. 酰氯的醇解反应为什么要在干燥的试管中进行？

3. 根据实验结果，排列羧酸衍生物的反应活性顺序。

实验 3-6 含氮有机物的性质与鉴定

实验日期＿＿＿＿＿＿＿ 室温＿＿＿＿＿＿＿ 大气压＿＿＿＿＿＿＿

实验成绩＿＿＿＿＿＿＿ 指导教师＿＿＿＿＿＿＿

【实验目的】

【实验用品】

【实验内容与结果】

实 验 内 容	实 验 操 作	实 验 现 象	现象解释(或有关方程式)
胺的碱性			
酰化反应			
与亚硝酸反应			
苯胺与溴水反应			
苯胺的氧化			
尿素的弱碱性			
尿素的缩合反应			

【问题与讨论】

1. 重氮化和偶联反应为什么需要在低温条件下进行？

2. 写出区别苯胺和苯酚的试验方法。

3. 写出分离苯胺和对甲苯酚的操作步骤。

* 实验 3-7 糖类化合物的性质与鉴定

实验日期＿＿＿＿＿＿＿　　　室温＿＿＿＿＿＿＿　　　大气压＿＿＿＿＿＿＿

实验成绩＿＿＿＿＿＿＿　　　指导教师＿＿＿＿＿＿＿

【实验目的】

【实验用品】

【实验内容与结果】

实 验 内 容	实 验 操 作	实 验 现 象	现象解释(或有关方程式)
与 α-萘酚反应			
与托伦试剂反应			
与斐林试剂反应			
与苯肼试剂反应			
蔗糖的水解			
淀粉的水解			
淀粉与碘反应			

【问题与讨论】

1. 在成脒反应中，为什么不能加热时间过长？

2. 可否用形成糖脒的反应来区别葡萄糖和果糖？如何区别？

3. 淀粉与碘反应，在加热和冷却时，为什么会发生颜色变化？

* 实验 3-8　蛋白质的性质与鉴定

实验日期_____　　　室温_____　　　大气压_____

实验成绩_____　　　指导教师_____

【实验目的】

【实验用品】

【实验内容与结果】

实验内容	实验操作	实验现象	现象解释（或有关方程式）
与茚三酮反应			
缩二脲反应			
黄蛋白反应			
与硝酸汞试剂反应			
盐析作用			
与重金属盐作用			

【问题与讨论】

1. 鉴别蛋白质的简便方法有哪些？

2. 为什么盐析作用可用来分离蛋白质？

3. 蛋白质为什么可作为某些重金属中毒的解毒剂？

＊ 实验 3-9 常见高分子化合物的鉴别

实验日期＿＿＿＿＿＿＿＿　　室温＿＿＿＿＿＿＿＿　　大气压＿＿＿＿＿＿＿＿

实验成绩＿＿＿＿＿＿＿＿　　指导教师＿＿＿＿＿＿＿＿

【实验目的】

【实验用品】

【实验内容与结果】

实验内容	实验操作	实验现象	现象解释(或有关方程式)
塑料的鉴别			
合成纤维的鉴别			

【问题与讨论】

1. 燃烧试验为什么需要在通风橱中进行？

2. 通过本实验你掌握了哪些常识？这些常识在日常生活中有哪些应用？

实验 3-10　设 计 实 验

实验日期_____　　室温_____　　大气压_____

实验成绩_____　　指导教师_____

【鉴定实验】

1. 所选题目

2. 实验方案

3. 实验结论

【分离实验】

1. 所选题目

2. 实验方案

3. 实验结论

【问题与讨论】（谈谈你做设计实验的体会）

实验 4-1　环己烯的制备

实验日期_____　　室温_____　　大气压_____

实验成绩_____　　指导教师_____

【实验目的】

【实验原理】（环己烯的制备反应）

【实验用品】

【实验装置图】

【实验步骤】

1. 消除反应

将____g 环己醇置于干燥的____mL 圆底烧瓶中，加入____mL 磷酸溶液和几粒沸石，摇匀。用量筒作接收器，水浴加热。缓慢升温至沸腾，控制分馏柱顶部的温度不超过____℃。收集馏分，至无馏出液滴出为止。

2. 洗涤

将馏出液移至_____中，静置后分去水层。油层用 5mL _____溶液洗涤。

3. 干燥

将粗产品倒入干燥的小锥形瓶中，加入 1～2g _____，干燥约_____h。

4. 蒸馏

将产品滤入干燥的____mL 蒸馏烧瓶中，安装蒸馏装置，用热水浴加热蒸馏，收集____℃馏分。称量并计算产率。

【操作流程】

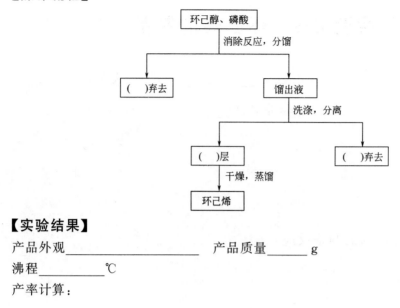

【实验结果】

产品外观＿＿＿＿＿＿＿＿＿＿＿＿　产品质量＿＿＿＿g

沸程＿＿＿＿＿＿℃

产率计算：

【问题与讨论】

1. 本实验中所用氯化钙除做脱水干燥剂外，还有什么作用？

2. 在精制产品的蒸馏操作中，如果在 80℃ 以下有较多馏分产生，可能是什么原因？应采取哪些应急补救措施？

* 实验 4-2　1-溴丁烷的制备

实验日期_____　　　室温_____　　　大气压_____

实验成绩_____　　　指导教师_____

【实验目的】

【实验原理】

1. 主反应

2. 副反应

【实验用品】

【实验装置图】（带有气体吸收的回流装置）

【实验步骤】

【操作流程】

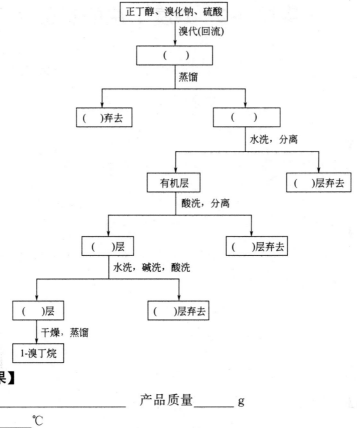

正丁醇、溴化钠、硫酸
↓ 溴代(回流)
（　）
↓ 蒸馏
（　）弃去　　　（　）
　　　　　　　↓ 水洗，分离
有机层　　　　（　）层弃去
↓ 酸洗，分离
（　）层　　　（　）层弃去
↓ 水洗，碱洗，酸洗
（　）层　　　（　）层弃去
↓ 干燥，蒸馏
1-溴丁烷

【实验结果】

产品外观_____　产品质量_____g

沸程_____℃

产率计算：

【问题与讨论】

1. 本实验中为什么采用气体吸收装置？

2. 溴代反应过程中若出现红棕色液层，是什么原因？

3. 粗产物用硫酸洗涤的目的是什么？

4. 本实验中，影响产品总收率的因素有哪些？如何减少损失，提高产率？

实验 4-3　阿司匹林的制备

实验日期_____　　　室温_____　　　大气压_____

实验成绩_____　　　指导教师_____

【实验目的】

【实验原理】

1. 主反应

2. 副反应

【实验用品】

【实验装置图】

【实验步骤】

【操作流程】

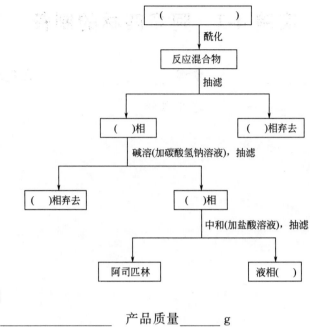

【实验结果】

产品外观_____ 产品质量_____ g

产率计算：

【问题与讨论】

1. 在酰化反应时，加入浓硫酸的目的是_____。

2. 在 37℃ 时_____ g 水中可溶解阿司匹林_____ g。

3. 重结晶时，加入碳酸氢钠溶液的目的是_____。

4. 在本实验中，若反应温度过高，会对实验结果产生什么影响？

实验 4-4 *β*-萘乙醚的制备

实验日期＿＿＿＿＿＿＿＿　　室温＿＿＿＿＿＿＿＿　　大气压＿＿＿＿＿＿＿＿

实验成绩＿＿＿＿＿＿＿＿　　指导教师＿＿＿＿＿＿＿＿

【实验目的】

【实验原理】（威廉逊合成反应式）

【实验用品】

【实验装置图】

【实验步骤】

【操作流程】

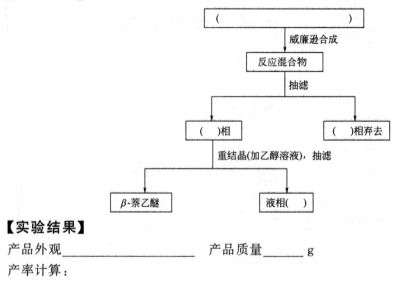

【实验结果】

产品外观_____ 产品质量_____ g

产率计算：

【问题与讨论】

1. β-萘乙醚是根据_____反应原理制备的。

2. 本实验中若反应温度过高会造成_____。

3. 在合成反应中，加入无水乙醇的作用是什么？

* 实验 4-5　苯甲醇和苯甲酸的制备

实验日期_____　　室温_____　　大气压_____

实验成绩_____　　指导教师_____

【实验目的】

【实验原理】

【实验用品】

【实验装置图】（蒸馏）

【实验步骤】

【操作流程】

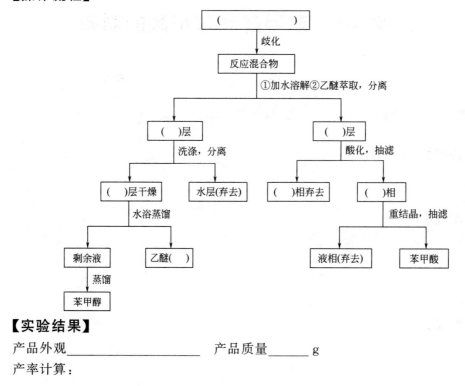

【实验结果】

产品外观＿＿＿＿＿＿＿＿＿＿＿＿ 产品质量＿＿＿＿g

产率计算：

【问题与讨论】

1. 为什么苯甲醛要使用新蒸馏过的？久置的苯甲醛有何杂质？对反应有何影响？

2. 用饱和亚硫酸氢钠可以洗涤产品中何种杂质？为什么？

3. 用 10％碳酸钠溶液可以洗涤产品中何种杂质？为什么？

＊实验 4-6　肉桂酸的制备

实验日期＿＿＿＿＿＿　　　室温＿＿＿＿＿＿　　　大气压＿＿＿＿＿＿

实验成绩＿＿＿＿＿＿　　　指导教师＿＿＿＿＿＿

【实验目的】

【实验原理】（缩合反应式）

【实验用品】

【实验装置图】（采用空气冷凝管的回流装置）

【实验步骤】

【操作流程】

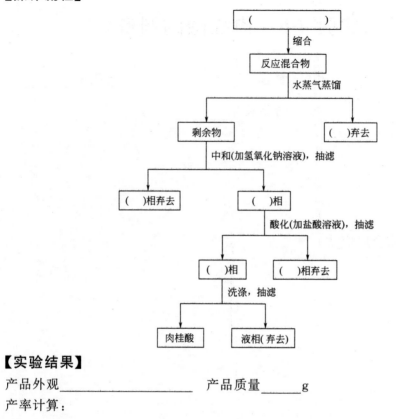

```
              (              )
                   │ 缩合
              ┌─────────────┐
              │  反应混合物  │
              └─────────────┘
                   │ 水蒸气蒸馏
        ┌──────────┴──────────┐
   ┌─────────┐           ┌──────────┐
   │  剩余物  │           │(    )弃去 │
   └─────────┘           └──────────┘
        │ 中和(加氢氧化钠溶液)，抽滤
   ┌────┴────────────┐
┌──────────┐   ┌──────────┐
│(  )相弃去 │   │ (  )相   │
└──────────┘   └──────────┘
                    │ 酸化(加盐酸溶液)，抽滤
              ┌─────┴──────────┐
         ┌─────────┐     ┌────────────┐
         │ (  )相  │     │(  )相弃去  │
         └─────────┘     └────────────┘
              │ 洗涤，抽滤
        ┌─────┴──────┐
   ┌─────────┐  ┌────────────┐
   │  肉桂酸  │  │ 液相(弃去) │
   └─────────┘  └────────────┘
```

【实验结果】

产品外观_____ 产品质量_____g

产率计算：

【问题与讨论】

1. 本实验采用空气冷凝管是因为_____。
2. 缩合反应结束后，进行水蒸气蒸馏是为了除去_____。
3. 反应产物加碱中和的目的是什么？

实验 4-7　乙酸异戊酯的制备

实验日期_____　　室温_____　　大气压_____

实验成绩_____　　指导教师_____

【实验目的】

【实验原理】（酯化反应式）

【实验用品】

【实验装置图】（带有分水器的回流装置）

【实验步骤】

【操作流程】

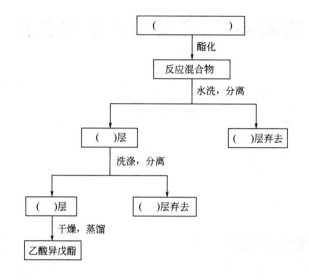

【实验结果】

产品外观_____ 产品质量_____g

沸程_____℃

产率计算：

【问题与讨论】

1. 酯化反应的特点是_____。本实验中采取了_____和_____的方法来提高反应转化率。

2. 本实验中理论出水量为_____mL，实际出水量为_____mL。

3. 用饱和食盐水洗涤是为了_____。

4. 本实验中主要副反应产物是什么？它是在哪一步操作中被除去的？

实验 4-8　肥皂的制备

实验日期＿＿＿＿＿＿　　　室温＿＿＿＿＿＿　　　大气压＿＿＿＿＿＿

实验成绩＿＿＿＿＿＿　　　指导教师＿＿＿＿＿＿

【实验目的】

【实验原理】（甘油三羧酸酯皂化反应式）

【实验用品】

【实验装置图】（普通回流）

【实验步骤】

【操作流程】

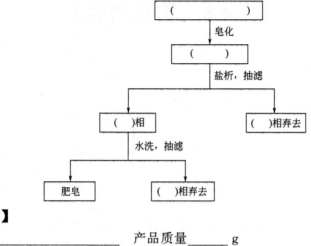

【实验结果】

产品外观＿＿＿＿＿＿＿＿＿＿＿ 产品质量＿＿＿＿ g

产率计算：

【问题与讨论】

1. 皂化反应中，加入乙醇的目的是 ＿＿＿＿＿＿＿＿＿＿＿＿＿ 。

2. 皂化反应后，进行盐析的目的是＿＿＿＿＿＿＿＿＿＿＿＿＿ 。

3. 抽滤时，用冷水洗涤肥皂，是为了洗去肥皂表面吸附的＿＿＿＿＿＿＿＿＿ 。

＊ 实验 4-9　十二烷基硫酸钠的制备

实验日期_____　　　室温_____　　　大气压_____

实验成绩_____　　　指导教师_____

【实验目的】

【实验原理】

【实验用品】

【实验步骤】

【操作流程】

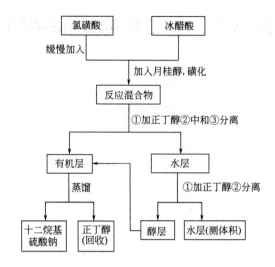

【实验结果】

产品外观＿＿＿＿＿＿＿＿＿＿＿＿＿ 产品质量＿＿＿＿g

产率计算：

【问题与讨论】

1. 反应为何要在无水条件下进行。如有水分存在，对反应有什么影响？

2. 加入碳酸钠为何要有碎冰的存在？如何正确地进行该步的操作？

实验 4-10　甲基橙的制备

实验日期＿＿＿＿＿＿　　　室温＿＿＿＿＿＿　　　大气压＿＿＿＿＿＿

实验成绩＿＿＿＿＿＿　　　指导教师＿＿＿＿＿＿

【实验目的】

【实验原理】

1. 重氮化反应

2. 偶联反应

【实验用品】

【实验步骤】

【操作流程】

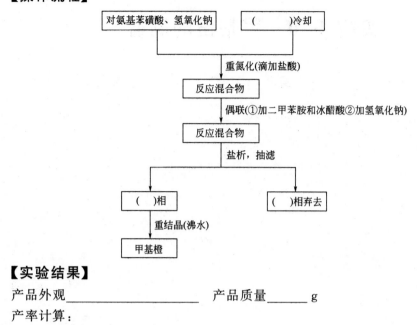

【实验结果】

产品外观_____ 产品质量_____g

产率计算：

【问题与讨论】

1. 重氮化反应和偶联反应需要在什么条件下进行？

2. 甲基橙为什么可以作为酸碱指示剂？

3. 重结晶时，若加热时间过长，会产生什么后果？

＊实验 4-11　邻苯二甲酸二丁酯的制备

实验日期＿＿＿＿＿＿　　室温＿＿＿＿＿＿　　大气压＿＿＿＿＿

实验成绩＿＿＿＿＿＿　　指导教师＿＿＿＿＿＿

【实验目的】

【实验原理】

1. 邻苯二甲酸酐醇解反应

2. 邻苯二甲酸单丁酯酯化反应

【实验用品】

【实验装置图】（带分水器和温度计的回流装置）

【实验步骤】

【操作流程】

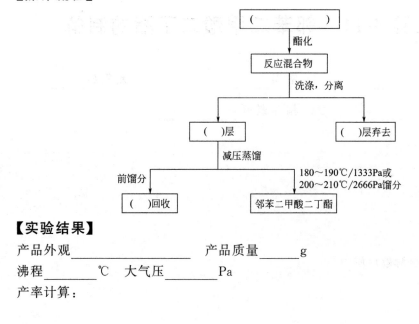

【实验结果】

产品外观_____ 产品质量_____g

沸程_____℃ 大气压_____Pa

产率计算：

【问题与讨论】

1. 制备邻苯二甲酸二丁酯的反应温度不能超过_____℃，因为_____
_____。

2. 碱洗时，温度不能高于____℃，碱的浓度不宜_____，不能使用_____，
因为_____。

3. 产品的洗涤为什么采用饱和食盐水？

实验 5-1　用糠醇改性的脲醛树脂胶黏剂的制备

实验日期_____　　　室温_____　　　大气压_____

实验成绩_____　　　指导教师_____

【实验目的】

【实验原理】

1. 脲醛树脂的制备

2. 糠醇的制备

【实验用品】

【实验步骤】

1. 脲醛树脂的制备

（1）安装仪器　将__mL 三口烧瓶置于盐水浴中，在三口烧瓶中口装上电动搅拌器，两侧口分别安装_____和_____。

（2）加入物料　取下温度计，从侧口加入__mL__％甲醛，当 pH 为__～__时，再加入1.3g 乌洛托品，溶解后测 pH。调节溶液 pH 为__时，加入 25g 尿素。

（3）加热、测 pH　使反应液缓慢升温至__℃。在此温度下反应 15min，继续升温并保持在__～__℃进行反应。此间每隔__min 取样一次测定 pH。当 pH＝__时，每隔 5min 取样测定一次，当 pH=__ 时，取试样 2 滴，加入 4 滴水混合。

（4）降温、测 pH 将反应液降温至__℃，测 pH。滴加氢氧化钠溶液（2～3 滴），搅拌 15min，使 pH=__，停止回流。

（5）减压脱水 将反应混合液倒入__mL 圆底烧瓶中，安装减压蒸馏装置，减压脱水。控制真空度为 85.5kPa，蒸馏温度__～__℃，蒸出水量约 40mL。

2．糠醇的制备

（1）蒸馏糠醛 在__mL 干燥的圆底烧瓶中，加入__mL 糠醛及几粒沸石，安装一套普通蒸馏装置，用电热套或甘油浴加热蒸馏，收集__～__℃馏分 25mL。

（2）歧化反应 将新蒸馏的糠醛倒入__mL 烧杯中，于冰盐浴中冷却至 0～2℃。在不断搅拌下，通过滴液漏斗缓慢地向其中滴加__mL__％氢氧化钠溶液。其间间歇测温，始终保持反应液温度为 8～12℃。滴加完毕，在此温度下继续搅拌 30min。

（3）萃取分离 在不断搅拌下，向反应混合物中加入约__mL 水至浆状物恰好溶解。

将此溶液倒入分液漏斗中，用____mL 乙醚分四次萃取，醚层并入__mL 干燥的锥形瓶中，用 5g_____干燥，静置 30min。

（4）回收溶剂 将干燥好的_____倒入 150mL 干燥的圆底烧瓶中，加入几粒沸石，用热水浴蒸出乙醚并回收。

（5）蒸馏糠醇 撤去水浴。补加沸石后，用电热套或甘油浴加热蒸馏糠醇，收集__～__℃馏分，体积为_____。

（6）回收糠酸 经乙醚萃取后的水层加浓盐酸酸化至 pH=__，充分冷却后抽滤，用冷水洗涤两次，以水作溶剂进行重结晶，并用活性炭脱色。

（7）测定糠酸熔点 用提勒管法测定糠酸熔点为_____。

3．胶黏剂的应用对比实验

在干燥的 200mL 烧杯中，加入__mL 脲醛树脂、__g 碎木屑、__g 糠醇、__g 磷酸氢钙和 3 滴三乙醇胺，混匀。于蒸汽浴上加热至__℃并不断搅拌 15min。离开蒸汽浴，滴加 10 滴饱和氯化铵溶液，充分搅匀后，将混合物倒入一只小纸盒中定型、压实，放置晾干后与同样条件下所做不加糠醇的试验对比，结果如下：_____。

【操作流程】（糠醇的制备）

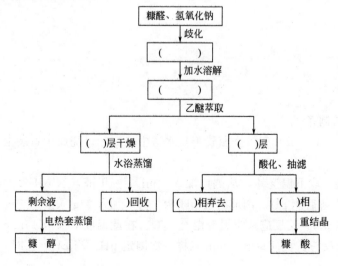

【实验结果】

产品外观 $\begin{cases} \text{脲醛树脂：} \\ \text{糠醇：} \end{cases}$　　　　产品质量 $\begin{cases} \text{脲醛树脂：} \\ \text{糠醇：} \end{cases}$

【问题与讨论】

1. 在脲醛树脂的制备过程中，应注意控制哪些反应条件？

2. 若减压脱水量过大，会出现什么后果？

3. 制备糠醇时，为什么要在较低温度下进行？如何控制反应温度？

4. 糠醇和糠酸是如何分离开的？

5. 蒸馏回收乙醚时，应注意哪些问题？

* 实验 5-2　三苯甲醇的制备

实验日期_____　　室温_____　　大气压_____

实验成绩_____　　指导教师_____

【实验目的】

【实验原理】

1. 氧化反应

2. 酯化反应

3. 格利雅反应

【实验用品】

【实验步骤】

【操作流程】（苯甲酸乙酯）

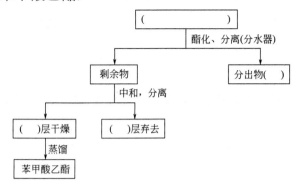

【实验结果】

产品外观_____ 产品质量____g

沸程_____℃

产率计算：

【问题与讨论】

1. 制备苯甲酸时，为什么要分批加入高锰酸钾？加入后为什么要振摇烧瓶？

2. 苯甲酸粗制品中含有不溶性杂质、水溶性杂质及有色物质，这些杂质是如何除去的？

3. 分离苯甲酸与二氧化锰时，滤液有时呈紫色，为什么？

4. 制备苯甲酸乙酯时为什么需要使用干燥的仪器？为什么要从分水器中放出 9mL 水？

5. 在苯甲酸乙酯的制备中，采用了哪些措施来提高反应转化率？

6. 制备格利雅试剂和三苯甲醇时，为什么仪器和药品都要经过严格的干燥处理？

7. 制备苯基溴化镁时，如果溴苯和乙醚混合液滴入过快，会有什么后果？

8. 在三苯甲醇的制备中，为什么要用饱和的氯化铵溶液来分解加成产物？

实验 5-3　植物生长调节剂 2,4-D 的制备

实验日期＿＿＿＿＿＿　　室温＿＿＿＿＿＿　　大气压＿＿＿＿＿＿

实验成绩＿＿＿＿＿＿　　指导教师＿＿＿＿＿＿

【实验目的】

【实验原理】

1. 苯氧乙酸的制备反应

2. 对氯苯氧乙酸的制备反应

3. 2,4-二氯苯氧乙酸的制备反应

【实验用品】

【实验步骤】

【操作流程】（2,4 二氯苯氧乙酸）

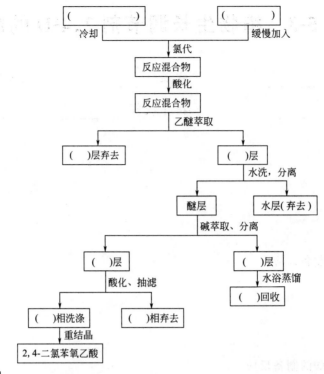

【实验结果】

产品外观_____ 产品质量____g

产率计算：

【问题与讨论】

1. 制备苯氧乙酸为什么要在碱性介质中进行？

2. 制备对氯苯氧乙酸时，为什么要加入过氧化氢溶液？加入的氯化铁起什么作用？

3. 制备 2,4-二氯苯氧乙酸时，粗产物中的水溶性杂质是如何除去的？

4. 制备对氯苯氧乙酸和 2,4-二氯苯氧乙酸时，加入的冰醋酸起什么作用？

＊实验 5-4　局部麻醉剂苯佐卡因的制备

实验日期_____　　室温_____　　大气压_____

实验成绩_____　　指导教师_____

【实验目的】

【实验原理】

1. 硝化反应

2. 氧化反应

3. 还原反应

4. 酯化反应

【实验用品】

【实验步骤】

【操作流程】

（1）对硝基甲苯的制备

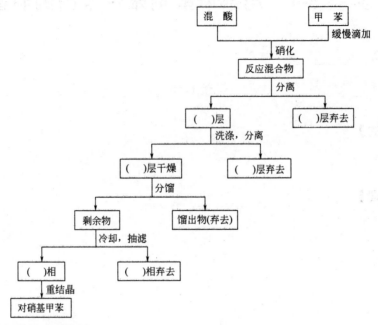

（2）对硝基苯甲酸的制备

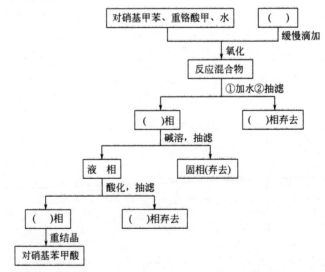

（3）对氨基苯甲酸的制备

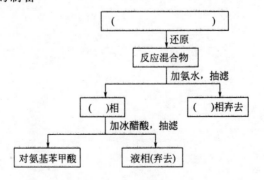

(4) 苯佐卡因的制备

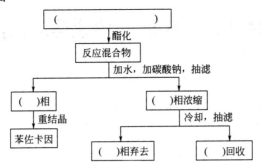

【实验结果】

产品外观_____ 产品质量____g

产率计算：

【问题与讨论】

1. 制备对硝基甲苯时为什么要控制温度在 45～50℃？温度高对反应会有什么影响？

2. 邻硝基甲苯和对硝基甲苯是如何分离的？

3. 制备对硝基苯甲酸时，硫酸为什么要缓慢滴加？一次性加入可以吗？为什么？

4. 酯化反应结束后，为什么要加入碳酸钠固体和碳酸钠溶液？

5. 在对氨基苯甲酸的纯化过程中，加氨水和冰醋酸各起什么作用？

6. 在多步骤合成实验中，如何提高产物的总收率？

实验 5-5　从茶叶中提取咖啡因

实验日期_____　　　室温_____　　　大气压_____

实验成绩_____　　　指导教师_____

【实验目的】

【实验原理】

【实验用品】

【实验步骤】

【问题与讨论】

1. 茶叶中的咖啡因是如何被提取出来的？

2. 提取出的粗咖啡因为绿色，为什么？

3. 向粗产物中加入生石灰起什么作用？

4. 焙炒粗产物时，为什么必须用小火？温度过高会有什么后果？

5. 升华过程中，取下漏斗观察升华情况可以吗？为什么？

6. 升华操作时，需注意哪些问题？

* 实验 5-6 从黄连中提取黄连素

实验日期_____　　　室温_____　　　大气压_____

实验成绩_____　　　指导教师_____

【实验目的】

【实验原理】

【实验用品】

【实验步骤】

【问题与讨论】

1. 用回流和浸泡的方法提取天然产物与用索氏提取器连续萃取，哪种方法效果更好些？为什么？

2. 作为生物碱，黄连素具有哪些生理功能？

3. 蒸馏回收溶剂时，为什么不能蒸得太干？

实验 5-7　从橙皮中提取柠檬油

实验日期_____　　室温_____　　大气压_____

实验成绩_____　　指导教师_____

【实验目的】

【实验原理】

【实验用品】

【实验步骤】

【问题与讨论】

1. 为什么可采用水蒸气蒸馏的方法提取香精油？

2. 干燥的橙皮中，柠檬油的含量大大降低，试分析原因。

3. 蒸馏二氯甲烷时，为什么要用水浴加热？

实验 5-8　从菠菜中提取天然色素

实验日期_____　　　室温_____　　　　大气压_____

实验成绩_____　　　指导教师_____

【实验目的】

【实验原理】

【实验用品】

【实验步骤】

【问题与讨论】

1. 绿色植物中主要含有哪些天然色素？

2. 叶绿素在植物生长过程中起什么作用？

3. 本实验是如何从菠菜叶中提取色素的？

4. 分离色素时，为什么胡萝卜素最先被洗脱？三种色素的极性大小顺序如何？

*实验 5-9　实用化学品的配制

实验日期_____　　　室温_____　　　大气压_____

实验成绩_____　　　指导教师_____

【化学品名称】

【实验目的】

【实验用品】

【实验步骤】

【实验结果】（产品外观及品质评价）